Musa Dabo

Efeito de extractos de alho e cebola em agentes patogénicos fúngicos de frutos secos armazenados

AF294293

Musa Dabo

Efeito de extractos de alho e cebola em agentes patogénicos fúngicos de frutos secos armazenados

ScienciaScripts

Imprint

Any brand names and product names mentioned in this book are subject to trademark, brand or patent protection and are trademarks or registered trademarks of their respective holders. The use of brand names, product names, common names, trade names, product descriptions etc. even without a particular marking in this work is in no way to be construed to mean that such names may be regarded as unrestricted in respect of trademark and brand protection legislation and could thus be used by anyone.

Cover image: www.ingimage.com

This book is a translation from the original published under ISBN 978-3-330-32953-9.

Publisher:
Sciencia Scripts
is a trademark of
Dodo Books Indian Ocean Ltd. and OmniScriptum S.R.L publishing group

120 High Road, East Finchley, London, N2 9ED, United Kingdom
Str. Armeneasca 28/1, office 1, Chisinau MD-2012, Republic of Moldova, Europe
Printed at: see last page
ISBN: 978-620-7-55739-4

Copyright © Musa Dabo
Copyright © 2024 Dodo Books Indian Ocean Ltd. and OmniScriptum S.R.L publishing group

RESUMO DO CONTEÚDO

CAPÍTULO 1

1.0   **INTRODUÇÃO**

O amendoim *(Arachis hypogea* L.) é um membro da família das leguminosas *(Fabaceae)*. É uma das culturas mais populares do mundo, cultivada em regiões tropicais e subtropicais onde a precipitação anual se situa entre 1000 e 1200 mm para permitir um crescimento ótimo da planta, e é uma leguminosa agrícola importante na Nigéria (Nautiyal, 2002). É a 13th principal cultura alimentar do mundo, a 4th principal fonte de óleo comestível e a 3rd principal fonte de proteína vegetal. As sementes contêm um óleo comestível de alta qualidade (50%), proteínas altamente digeríveis (60%), hidratos de carbono (22%), minerais (4%) e gorduras (8%) (Shiyam, 2010).

Os amendoins são muito procurados devido às suas múltiplas utilizações, o que abre a possibilidade de exportar o produto para os investidores. A Nigéria produz atualmente cerca de dois milhões de toneladas de amendoim, representando 5% da produção mundial (Farriconsulting, 2012). No entanto, esta leguminosa muito importante é confrontada com várias doenças pós-colheita ou agentes patogénicos a ela associados. As aflatoxinas B_1, B_2 G1 e G2 são compostos tóxicos e carcinogénicos, micotoxinas naturais que ameaçam a saúde humana e são produzidas por muitas *espécies de Aspergillus,* incluindo *A. flavus* e *A. parasiticus* (Ibian e Egwu, 2011, Martins *et. al.*, 2014 e Anon, 2014).

A utilização de fungicidas sintéticos para o controlo de doenças das plantas deu origem a diferentes tipos de problemas ecológicos e toxicológicos (Gurjar *et. al.,* 2012). Neste contexto, a atenção voltou-se agora para o desenvolvimento de componentes alternativos mais económicos e amigos do ambiente para o controlo de doenças das plantas em pós-colheita (Krishna *et. al.,* 2011 e Gurjar *et. al.,* 2012). Estas substâncias naturais, como os extractos de cebola *(Allium sativum)* e de alho *(A. cepa),* têm propriedades bastante específicas e causam pouca perturbação do equilíbrio natural entre os organismos vivos. Além disso, são pouco dispendiosas e podem ser produzidas pelos agricultores a partir de fontes locais (Opara *et. al.,* 2010).

Os bolbos de alho e de cebola contêm compostos fitoquímicos, alguns dos quais com propriedades fungicidas, que são importantes na luta contra as doenças fúngicas. Estes incluem taninos, flavonóides, alcalóides, esteróides, glicósidos, glicósidos cardíacos, hidratos de carbono, polifenóis, óleos voláteis, triterpenos, cetonas e antiquinas (Olusami e Amadi, 2010). De acordo com Goncagul e Ayaz (2010), o alho contém agentes antimicrobianos como a alicina, o enxofre, a quercetina e a cianidina, que têm um efeito biocida.

1.1 Apresentação do problema

A utilização zelosa e indiscriminada da maioria dos fungicidas sintéticos, que constituem um perigo para o ambiente, e a importância do amendoim como fonte de óleo para consumo humano direto tornaram esta investigação necessária. Esta leguminosa valiosa tem de ser protegida, caso contrário pode ser recusada para exportação ou, se consumida diretamente, pode aumentar os níveis de toxinas no sangue dos seres humanos e dos animais ou, em condições crónicas, causar cancro (Tuner *et. al.,* 2007). Estima-se que o valor e a qualidade de 25% das culturas mundiais são afectados todos os anos por micotoxinas, incluindo o amendoim (FAO, 2003). Existe também a preocupação com os riscos ambientais associados ao uso excessivo de fungicidas químicos e à resistência de certas estirpes de fungos, tornando necessário o desenvolvimento de componentes económicos e ecológicos para a gestão de doenças (Krishna *et al.,* 2011).

1.2 Justificação do estudo

A importância deste estudo reside no facto de o amendoim, uma leguminosa importante com muitas utilizações, dever ser protegido contra agentes patogénicos (Kala, 2008 e Opara *et al.,* 2010). Deve ser encorajada a utilização de métodos alternativos económicos e amigos do ambiente, que mantenham o equilíbrio dos componentes naturais e sejam menos perigosos.

Os extractos são menos fitotóxicos e biodegradáveis (Kinshore *et al.*, 2011, Ebele, 2011 e Gurjar *et al.*, 2012).

Além disso, o efeito inibitório dos extractos de alho e cebola indica que estes bolbos podem ser utilizados como fungicidas por pequenos agricultores que não podem pagar agroquímicos sintéticos dispendiosos. Isto contribuirá para uma solução sustentável para a agricultura, reduzirá as perdas de colheitas, incentivará a agricultura biológica e melhorará a gestão integrada de doenças (Deepa *et al.*, 2012 e Gurjar *et al.*, 2012). Este estudo foi realizado no estado de Sokoto, onde o cultivo de amendoim é a forma mais antiga de agricultura praticada em algumas aldeias do estado, incluindo Jabo, Tambuwal e Wammako L.G.A. (Anon., 2014).

1.3 Objetivo e finalidade

O objetivo deste estudo é examinar o efeito dos extractos de alho (*Allium sativum*) e de cebola (*Allium cepa*) sobre os agentes patogénicos pós-colheita do amendoim. Os objectivos específicos são

(i)   Isolar e identificar os agentes patogénicos associados ao amendoim após a colheita.

(ii)   Determinação dos componentes fitoquímicos dos extractos

(iii)   Determinação da eficácia dos extractos de alho e de cebola contra os agentes patogénicos

CAPÍTULO DOIS

REVISÃO DA LITERATURA

Esta leguminosa é considerada uma noz devido ao seu elevado teor de nutrientes, mas sabe-se que tem três formas de crescimento, dependendo da altura em que amadurece. Vertical (maturidade precoce), médio (maturidade média) e estolho (maturidade tardia) (Garba *et al.*, 2006). Acrescentam que no norte da savana guineense, os estolhos têm um melhor desempenho do que os tipos vertical ou médio. Na savana do Sudão, particularmente nos estados de Borno, Adamawa, Yobe e Sokoto, onde a precipitação dura apenas dois a três meses, o tipo ereto de maturação precoce tem um melhor desempenho. Atinge cerca de 30-50 cm de altura, com folhas pinadas, opostas, com quatro folíolos (dois pares opostos, sem folíolo terminal), medindo cada folíolo 1,7 cm de comprimento e 1,3 cm de largura. As flores são em forma de ervilha, com 2 a 4 cm de comprimento, amarelas com nervuras avermelhadas (Garba *et al.*, 2006 e Farriconsulting, 2012).

2.1 A origem do amendoim

Prasad *et al* (2009) e Farriconsulting (2012) referem que o amendoim (*Arachis hypogea* L.) é provavelmente originário da América do Sul e que o termo amendoim é utilizado na maioria dos países da Ásia, África, Europa e Austrália, enquanto na América do Norte e do Sul é vulgarmente conhecido como amendoim. Acrescentam que os primeiros registos arqueológicos do cultivo do amendoim provêm do Peru e datam de entre 3750 e 3900 a.C.. O amendoim foi provavelmente difundido na América do Sul e Central pelos índios Arewak, que chegaram mais tarde a África.

2.2 Classificação dos amendoins

A maioria das primeiras classificações de *Arachis hypogea* (L.) baseava-se na forma de crescimento, na presença ou ausência de dormência das sementes e no tempo relativo até à maturidade. No entanto, as classificações posteriores também incluíam características como o padrão de ramificação e a localização dos ramos produtivos (Gibbon *et al.*, 1972).

O género *Arachis* pertence à família *Fabaceae,* subfamília *Papillionaceae,* filo *Aeschynomeneae,* subfilo *Stylosenthinae.* Este género é morfologicamente bem definido e distingue-se dos outros géneros pela sua reprodução em forma de lápis e geocárpica. O género *Arachis* compreende mais de 70 espécies selvagens, das quais apenas *Arachis hypogea* é domesticada e cultivada (Aguoru *et al.,* 2015).

2.3 Cultivo de amendoim

Garba *et al,* (2006) referiram que a produção de amendoim na Nigéria está concentrada na zona semi-árida do país (lat. 8^0- 13^0 N), que inclui os Estados de Sokoto, Kano, Jigawa, Katsina, Zamfara, Yobe e Adamawa, localizados na savana do Sudão (100 - $13°N$), bem como os Estados de Kaduna, Bauchi, Gombe, Taraba, Benue, Plateau, Níger e Kano (8 -11^{00} N), sendo que só o Estado de Kano produz metade dos amendoins da Nigéria (Anon, 2012).

2.4 Utilização e importância económica do amendoim

Sendo uma das principais culturas do mundo e a principal fonte de óleo comestível e de proteína vegetal, o amendoim tem muitas utilizações e uma grande importância económica (Shiyam, 2010). O teor de óleo das sementes varia entre 44 e 50%, dependendo da variedade e das condições agronómicas. O óleo é comestível e é utilizado para cozinhar, para fazer sabão e para cosméticos/lubrificantes (Fasani, 2009). A amêndoa é rica em proteínas vegetais e manteiga, a farinha é utilizada como alimento para o gado e fertilizante orgânico, enquanto a casca é utilizada para cozinhar (Kala, 2008). Nautiyal (2002) descreveu o valor nutricional dos amendoins por 100 g de parte comestível no estado fresco ou cozinhado, para obter energia (valor calórico/dia): Óleo=884,0 kcal, cru=567 kcal. e seco/torrado =585 kcal. com base numa dieta de 2000 calorias. O valor diário pode ser superior ou inferior consoante as necessidades calóricas.

O amendoim oferece um potencial de investimento significativo na Nigéria e em todo o mundo. Aguoru *et al* (2015) estimam que a cultura global de amendoim (com casca) em 2007 era de 23,4 milhões de hectares, com uma produção total de 34,9 milhões de toneladas métricas. A Nigéria produz atualmente cerca de dois milhões de toneladas, ou seja, 5% da produção mundial. Entre 1956 e 1967, o amendoim, incluindo a farinha e o óleo, representou cerca de 70% das receitas totais de exportação da Nigéria e criou as lendárias pirâmides de amendoim que pontuavam a paisagem de Kano (Lawal, 2010).

Outros estados onde o amendoim é cultivado na Nigéria são Kwara e Nassarawa, no norte da Nigéria (Farriconsulting, 2012).

2.5 Agentes patogénicos pós-colheita do amendoim

Egwu (2011) e Bengum (2013) referiram que as vagens e as sementes de amendoim são susceptíveis de serem atacadas por uma série de agentes patogénicos fúngicos economicamente importantes. Sullivan (1984) também descobriu que os nutrientes armazenados no amendoim *são* altamente vulneráveis a *Rhizopus* spp, *Penicillium* spp, *Aspergillus niger e A. flavus*. De acordo com Ibrahim *et al* (1986), as sementes sem casca são menos susceptíveis do que as sementes sem casca, o que se explica por um certo teor de humidade na noz.

Diener e Cole *(*1986) referiram que a probabilidade de invasão por *A. flavus* aumenta drasticamente quando o teor de humidade das sementes de amendoim excede 9% a uma humidade de 80-90%.

Umechuruba (1986) isolou *Macrophomina phasseolina, Penicillium* spp, *Fusarium equiiseti, F. solani, F. moniliform var. subglutines, F. sambicum, F. semitectum, F. monilliforme, Collectrotrichum damatium, A. niger* e *A. flavus* de treze (13) amostras de amendoins sem casca na Nigéria.

Aspergillus niger, Fusarium Spp, *Penicillium* e *Cladosporium* são os géneros predominantes de fungos associados aos cereais armazenados e, de todas as micotoxinas, as aflatoxinas são as que suscitam maior preocupação (CAST, 2003). Um estudo realizado pela FAO (2003) mostrou que as micotoxinas pertencentes aos géneros *Aspergillus,*

Penicillium e Fusarium constituem uma grande ameaça para a saúde humana e animal, uma vez que são responsáveis por muitas toxicidades diferentes, como o cancro, a mutagenicidade, as doenças gastrointestinais e urogenitais e podem também reduzir a resistência às doenças.

Reddy *et al* (2010) também referiram que as espécies *Aspergillus, Fusarium e* Penicillium são a principal causa de contaminação desde o campo até à armazenagem. Enumeraram várias aflatoxinas produzidas por estes organismos supramencionados, como a aflatoxina B_1 (AFBI), a fumonisina BI (FBI) e a ocratoxina A (OTA), que causam hipatoxicidade, teratogenicidade e metagenicidade, e provocam doenças como a febre aftosa, teratogenicidade e metagenicidade, e provocam doenças como hepatite tóxica, hemorragia, edema, leucoencefalomalácia (LEM), cancro do esófago e insuficiência renal.

2.6 Gestão das doenças pós-colheita do amendoim

Para além das condições climatéricas desfavoráveis e das catástrofes naturais, há que mencionar os ataques de agentes patogénicos após a colheita, que conduzem a uma queda do rendimento e da qualidade do valor biológico do amendoim (Ogle e Ale, 2003). Por esta razão, são utilizados vários métodos de controlo de doenças para proteger os rendimentos destes efeitos negativos. No entanto, estes métodos têm alguns inconvenientes na sua aplicação, que podem encorajar os agentes patogénicos a multiplicarem-se (Thurston, 1997).

2.7 Utilização de produtos químicos para controlar as doenças do amendoim após a colheita

Gahukar (2002) salientou que as doenças dos produtos hortícolas, dos cereais e dos frutos secos são geralmente combatidas através da utilização frequente de pesticidas químicos, a fim de aumentar a produtividade das culturas e obter um melhor lucro na agricultura convencional, mas os produtos que são preservados sem resíduos químicos são preferidos nos mercados locais e de exportação.

A pulverização de vagens e sementes de amendoim com metilenool (0,5%) pode limitar a colonização por *Aspergillus flavus* e a síntese de aflatoxinas. O produto químico pode ser pulverizado nas vagens de amendoim antes do armazenamento como um spray profilático ou pós-infecioso, mas não é amigo do ambiente e é facilmente biodegradável (Reddy, 2008).

2.8 Alguns extractos de plantas com propriedades antifúngicas

Perante o custo crescente dos produtos químicos inorgânicos e os seus perigos para o ambiente, foram feitos esforços para introduzir uma forma integrada de controlo de doenças. A utilização de substâncias vegetais poderia complementar os dispendiosos produtos químicos à base de petróleo, podendo o pequeno agricultor fazer uma utilização convincente da *Azadirachta indica,* vulgarmente utilizada, que é um inibidor da germinação de esporos e de outros agentes patogénicos relacionados (Gahukar, 2002).

Harish e Saravanakumar (2007) relataram o efeito inibitório de *Nerium oleander* e *Pithecalobium dulce* no crescimento micelial e na germinação de esporos do patogénio da mancha castanha do arroz, *Bipolaris oryzae*. Os extractos etanólicos de *Vernonia emygdalina* (folha de laranjeira azeda), *Azadirachta indica (*neem), *Ocimum gratissimum, Pergularia* spp*, Citrus aurantifolia (*lima), *Allium sativum* (alho) e *Capsicum annum* (pimento vermelho) mostraram atividade fungicida contra o fungo da podridão do inhame *Aspergillus niger* (Obilo *et al., 2005*).

Singh *et al* (2011) estudaram a atividade antifúngica de *Capsicum frutescence* (malagueta) e *Zingiber officinale* (gengibre) contra importantes agentes patogénicos pós-colheita de citrinos. Verificaram também que os extractos alcoólicos das plantas tinham atividade antifúngica contra *Penicillium digitatum, Aspergillus niger e Fusarium* spp, isolados de citrinos naturalmente infectados.

Mahlo *et al*, (2010) relataram a atividade antifúngica de extractos de folhas de acetona, metanol, hexano e diclomenthene de seis espécies de plantas: *Bucida beceras, Breonadia salicina, Harpephyllum caffrum, Olinia ventosa, Vangueria infasuta* e *Xylotheca kranssiana* contra diferentes espécies de fungos fitopatogénicos: *Aspergillus niger A. parasiticus, Collectotricum gloeosporioides, Penicillium janthinellum, P. expansum, Trichoderma harzianum* e *Fusarium oxysporum*, sendo todos os extractos de plantas eficazes contra os fungos fitopatogénicos seleccionados. Egharevba *et al* (2010) estudaram o efeito antimicrobiano dos extractos de tronco, casca e folha de *Vitex doniana* e o resultado mostrou uma zona de inibição dos extractos contra *Aspergillus flavus, A. fumigatus, Candida albicans, Microsporum gypseum* e *Trichophytom rubrum*.

Shinkafi, (2013) investigou o efeito dos extractos de folhas de *Mitracarpus scaber* Zucc e *Pergularia tometosa* L. contra fungos dermatofílicos. O resultado mostrou um elevado efeito inibitório sobre *Trichophyton rubrum* em todas as concentrações utilizadas, que também influenciou o crescimento de *Microsporum audouinii* e *M. gypseum*. Deepa *et al* (2012) também estudaram o efeito fungicida dos extractos de folhas de *Sapindus emerginatus* Vahl em diferentes solventes. O resultado mostrou que o extrato metanólico da folha teve um efeito inibitório mais elevado contra *Aspergillus niger,* enquanto os extractos aquosos da folha não tiveram qualquer efeito inibitório contra o fungo testado.

Fred *et al* (2012) realizaram um teste de sensibilidade de extractos de folhas de *Dichapetallum madagascariense* contra *Aspergillus niger* e *Candida albicans* e descobriram que o extrato de metanol de folhas de *D. madagascariense* possuía um amplo espetro de atividade antimicrobiana.

De acordo com Shama *et al* (2011), que testaram a eficácia do éter de petróleo, a noz de *Cola acuminata* também mostrou alguma atividade antimicrobiana. Verificaram que os extractos metanólico e aquoso de *C. acuminata tinham alguma ação inibidora* contra *Candida albicans* e observou-se que os extractos metanólico e aquoso tinham alguma ação inibidora contra o fungo.

Al-Samarrai *et al* (2012) também relataram o efeito inibidor dos extractos de neem, pong-pong, malagueta, erva-cidreira e gengibre e confirmaram que o neem, a malagueta e o pong-pong exibiram uma atividade elevada na prevenção do desenvolvimento do micélio do *Penicillium digitatum* e que o extrato bruto de erva-cidreira e gengibre matou 50% dos esporos fúngicos a 495 e 473 ^g/ml em comparação com os controlos.

Foi realizado outro estudo utilizando o gel *de Aloé* vera contra cinco fungos fitopatogénicos, nomeadamente *Aspergillus niger, A. flavus, Alternaria alternata, Drechslera hawaiensis* e *Penicillium digitatum*. O resultado mostrou que estes extractos de gel *de Aloé* vera exibiram uma atividade antifúngica notável em todas as concentrações em comparação com o controlo, com exceção do *Aspergillus niger*, em que *o A. flavus* e o *Penicillium digitatum* exibiram uma atividade antifúngica moderada a uma concentração de 0,15% (Sitara *et.al.*, 2011). Khaing (2011) também realizou um teste de sensibilidade com Aloe Vera (*Aloe barbadensis* Miller) contra *Aspergillu niger, Candida albicans, Penicillium maneffeil, Fusarium oxysporum, Phythium spp* e *Rhizontonia solani*, que mostrou que os extractos de metanol e etanol das folhas de Aloe exibiram alguma atividade antifúngica contra todos os fungos testados, com exceção de *Candida albicans*.

Joseph *et al* (2008) testaram a bioatividade de extractos de *Azadirachta indica, Artemissia annua, Ocinum sanctum, Eucalyptus globules* e *Rheum emodi* contra *Fusarium solani* spp. e o resultado mostrou uma ação inibidora notável contra o fungo testado. Ilondu (2011) isolou alguns fungos de frutos de papaia apodrecidos e identificou-os como *Aspergillus niger, Fusarium solani, Botryodipdia theobromae* e *Penicillium* spp. Estes fungos foram testados contra extractos de *Chromolaena odorata, Alalypha ciliata* e *Carica papaya* e, em todas as concentrações utilizadas, foi obtido um efeito inibidor do crescimento nos quatro fungos.

2.9 Alguns extractos de cebola com propriedades antimicrobianas

Benkeblia (2004) comunicou a atividade antimicrobiana de diferentes concentrações (ou seja, 50, 100, 200, 300 e 500 ml/l) de extractos de óleo essencial de três variedades de cebola (verde, amarela e vermelha) e alho contra duas bactérias *Staphylococcus aureus e Salmonella enteritidis* e três fungos; *Aspergillus niger, Penicillium cyclopium e Fusarium oxysporum. O* extrato de óleo essencial de alho (OE) mostrou o efeito inibitório mais elevado em todas as bactérias e fungos testados, sendo o *F. oxysporum* o menos sensível aos extractos de OE, enquanto o *A. niger* e o *P. cyclopium* foram significativamente inibidos, especialmente a baixas concentrações.

Olusanmi e Amadi (2010) estudaram o efeito antimicrobiano e o rastreio fitoquímico de extractos de alho contra *Aspergillus flavus, Curvularia lunata* e *Fusarium moniforme* utilizando o método da placa vibratória, e todos os extractos foram eficazes contra os três fungos, independentemente do agente de extração utilizado, inibindo o crescimento e sendo mais prejudiciais em concentrações mais elevadas. O efeito inibitório do óleo de cebola também foi tratado contra quatro isolados toxigénicos: *Aspergillus flavus, A. parasiticus, A. versicolar* e *Penicillium,* expostos a diferentes concentrações, e o resultado mostrou uma redução drástica no crescimento fúngico e na produção de aflatoxinas (Zohri, 2011).

Dankert *et al* (1979) estudaram o efeito do sumo de alho cru, cebola e chalota; as cebolas foram testadas num teste de difusão em ágar contra quatro bactérias Gram-negativas, três bactérias Gram-positivas e duas espécies de levedura; o resultado mostrou que todos os organismos testados foram inibidos pelo sumo de alho, enquanto o sumo de cebola e chalota não teve qualquer efeito nas bactérias Gram-negativas.

Elnina *et al* (1983) também estudaram as actividades antimicrobianas dos extractos de alho e cebola testados contra bactérias gram-positivas e gram-negativas e fungos. O extrato de alho mostrou uma inibição significativa do crescimento, com maior atividade do que o extrato de cebola. Mukhtar e Ghori (2012) realizaram um teste de sensibilidade com extractos de alho, canela e curcuma, que mostrou atividade inibitória, sendo o alho mais eficaz contra *Escherichia coli* e *Bacillus subtilis do* que o resto das substâncias mencionadas anteriormente. Além disso, acrescentaram ao seu trabalho a atividade antibacteriana dos extractos aquosos e etanólicos de alho, canela e curcuma contra *E. coli* e *B. subtilis*.

CAPÍTULO TRÊS

3.1   **MATERIAIS E MÉTODOS**

3.1 Sítio experimental

A investigação foi efectuada nos laboratórios de micologia e bioquímica da Universidade Usmanu Danfodiyo em Sokoto. Sokoto está situada entre a latitude 4^0 e a longitude 6^0 N e a longitude 11^0 30 e 13^0 50 E, no noroeste da Nigéria. Área do Governo Local de Zuru do Estado de Kebbi. A área de estudo de onde foram colhidas as amostras situa-se entre a latitude 11,5'- 11,55' N e a longitude. 4,3'- 5,25' E, tem uma precipitação média de 900-1085 mm, com uma humidade relativa de 88-92% durante a estação das chuvas e uma temperatura média de $29\text{-}32^0$ C. Durante a estação seca, a humidade relativa é elevada, 72-77%, com uma temperatura média de $38\text{-}40^0$ C (Girma, 2000).

3.2 Recolha de material experimental

As amostras de sementes de amendoim infectadas foram recolhidas em Zuru L. G. A., que inclui a cidade de Zuru e as duas aldeias de Amanawa e Dabai no Estado de Kebbi, onde o cultivo de amendoim é predominante na área de estudo. As sementes foram embaladas assepticamente em sacos de polietileno limpos e etiquetadas como A, B e C, respetivamente (Agrios, 2005). Todas as amostras foram analisadas nos laboratórios do Departamento de Ciências Biológicas e Bioquímica da Universidade Usmanu Danfodiyo, Sokoto.

Os bolbos de alho e de cebola foram comprados no mercado central de Sokoto, embalados em sacos de polietileno esterilizados e transportados para o laboratório de bioquímica da UDUS para extração e análise fitoquímica.

3.3 Preparação de extractos de bolbos de flores

Os bolbos de alho e de cebola foram cuidadosamente lavados, cortados em pequenos pedaços e secos à sombra para evitar a perda de componentes vitais, sendo depois triturados com um almofariz e um pilão. Em seguida, foram passados por um peneiro de malha de 0,5 mm para obter um pó fino. Colocaram-se exatamente 10 g de cada material num dedal e introduziram-se na câmara de Soxhlet. Foram adicionados à câmara cerca de 100 ml de metanol e etanol de cada vez.

Uma vez montado o equipamento, o sistema foi posto em funcionamento e monitorizado de perto, adicionando água fria ao balde para assegurar que a água que circulava no refrigerador estava fria. Seis horas mais tarde, os extractos estavam incolores e foram esvaziados para um recipiente de porcelana contendo água para baixar a temperatura para 45^0 C. Os extractos secos de alho e de cebola foram em seguida acondicionados em sacos de polietileno transparentes e bem etiquetados e conservados no frigorífico para análise posterior,

3.4 Esterilização do material de vidro
O material de vidro (placas de Petri, lâminas, frascos Erlenmeyer e tubos de ensaio) foi cuidadosamente lavado com água da torneira e detergente, enxaguado várias vezes com água destilada e seco ao ar. As placas de Petri foram embrulhadas em folha de alumínio e esterilizadas numa estufa a 160^0 C durante uma hora, sendo depois arrefecidas a 45^0 C antes de serem utilizadas.

3.5 Esterilização da sala de vacinação

Vinte por cento (20%) de formaldeído foi queimado num espaço fechado na sala de inoculação para controlar a contaminação. A superfície sobre a qual as placas foram vertidas foi esterilizada com etanol antes de as placas serem depositadas (Robbert *et al.*, 1988).

3.6 Preparação de meios de cultura

Colocou-se um papel de filtro Whatman n.º 1 com 15 cm de comprimento numa balança Mettler e mediram-se 65 g de ágar Sabouraud dextrose (SDA), que foram depois adicionados a 1000 ml de água destilada, também medida (numa proveta graduada) e transferida para o Erlenmeyer.

Foi adicionado um grama (1 g) de estreptomicina ao meio para remover quaisquer impurezas. Este facto está de acordo com Singh *et al* (2011). O conteúdo foi coberto com algodão e embrulhado em folha de alumínio.

O meio foi colocado numa placa quente durante 30 minutos e homogeneizado por agitação frequente. Em seguida, foi autoclavado a 121^0 C durante 15 minutos e deixado decantar a aproximadamente 45^0 C antes de ser vertido em nove (9) placas de Petri, designadas A1, A2, A3, B1, B2, B3 e C1, C2, C3 respetivamente, e deixado solidificar numa superfície pré-esterilizada na sala de inoculação.

3.7 Esterilização e inoculação de agentes patogénicos do amendoim

Em condições laboratoriais rigorosas, as sementes infectadas foram colhidas à mão e tratadas com uma pequena quantidade de etanol e de algodão para eliminar os presumíveis invasores secundários. Em seguida, foram colocadas em triplicado no centro do meio SDA com uma espátula esterilizada e subcultivadas após 7 dias cada uma, a fim de obter culturas puras de cada fungo, isoladas para efeitos do presente estudo.

3.8 Identificação de isolados de fungos

Os isolados fúngicos foram observados ao microscópio de luz. A técnica de Robbert *et al* (1988) foi utilizada para identificar os fungos isolados. Para o efeito, colocou-se uma gota de água destilada numa lâmina de microscópio limpa com uma pipeta, depois colocou-se uma pequena porção do micélio da cultura de cogumelos na lâmina de microscópio com agulhas esterilizadas e pressionou-se suavemente uma lamela.

As lâminas foram montadas num microscópio de luz e examinadas com uma objetiva de 40x. O tipo de micélio, o tipo de corpo de frutificação e as estruturas dos esporos foram utilizados como critérios para a identificação dos isolados utilizando o atlas micológico (Robbert *et al.*, 1988). Os meios SDA preparados foram vertidos em três (3) frascos esterilizados e colocados numa posição inclinada. Após 24 horas, as culturas puras dos isolados fúngicos foram inoculadas como reserva nos frascos estéreis, que foram rotulados e mantidos no frigorífico antes do teste de sensibilidade.

3.9 Teste de sensibilidade

Para os extractos de metanol e etanol, foi utilizado o método de incorporação em placa de ágar, dissolvendo exatamente 0,01, 0,02 e 0,03 g de pó em 5 ml de água destilada estéril para produzir concentrações de 10 mg/ml, 20 mg/ml e 30 mg/ml dos dois extractos. Em seguida, 5 ml de cada extrato foram adicionados a 20 ml de líquido SDA estéril, cuidadosamente homogeneizados e distribuídos em triplicado em placas estéreis rotuladas. A água destilada foi utilizada como controlo negativo e um fungicida sintético foi utilizado como controlo positivo para os isolados fúngicos. Foram utilizadas nove (9) placas como controlo negativo, três (3) para cada um dos três organismos, enquanto três placas contendo um fungicida sintético (Kartodim 315 EC) foram utilizadas como controlo positivo.

3.10 Rastreio qualitativo dos fitoquímicos nos extractos de alho e cebola

Foram aplicados os métodos de Harborne (1973), Sofowora (1993) e El-Olemyl *et al.* (1999). Os extractos de cebola foram avaliados quantitativamente para determinar a presença dos seguintes fitoquímicos: flavonóides, alcalóides, taninos, saponinas, glicosídeos, antraquinona, glicosídeos cardíacos, esteróides, saponina glicosídeo e óleos essenciais.

3.10.1 Teste de deteção de flavonóides

Foram adicionadas três (3 ml) soluções aquosas dos extractos num tubo de ensaio e misturadas com 1 ml de NaOH a 10%, resultando numa cor amarela que indica a possível presença de flavonóides. **3.10.2 Teste dos taninos**

Adicionou-se cloreto férrico a cinco por cento (5%) a 3 ml de extrato num tubo de ensaio. Durante a agitação, formou-se um precipitado verde escuro, indicando a presença de taninos.

3.10.3 Teste de deteção de glicosídeos

Dois e meio (2,5 ml) de H_2SO_4 a 30% foram adicionados a 5 ml de extractos num tubo, a mistura foi aquecida em água a ferver durante 15 minutos, depois de arrefecer a mistura foi neutralizada com NaOH a 10% e foram adicionados 5 ml da solução de Fehling, depois a mistura foi levada à ebulição. Observou-se um precipitado vermelho-tijolo, indicando a presença de glicosídeos.

3.10.4 Teste de deteção de alcalóides

Dois (2 ml) do extrato num tubo de ensaio foram agitados com 2 ml de ácido clorídrico aquoso a 10% durante 20 minutos num banho de vapor. Desta mistura, 1 ml foi tratado com algumas gotas de reagente de Wagner. Um precipitado castanho-avermelhado indicou a presença de alcalóides, enquanto o segundo 1 ml foi tratado com o reagente de Mayer, tendo surgido uma névoa cremosa que confirmou a presença de alcalóides.

3.10.5 Teste de despistagem de glicosídeos cardíacos

Para este teste, utilizou-se o teste de Keller-Killiani, no qual 2 ml de extrato foram misturados com uma solução de cloreto férrico ($FeCl_3$) a 3,5%, depois de deixados em repouso durante um minuto. Adicionou-se cuidadosamente 1 ml de H_2SO_4 concentrado e formou-se um anel castanho-avermelhado na parede do tubo, indicando a presença de glicosídeos cardíacos.

3.10.6 Teste de despistagem de esteróides

 Num tubo de ensaio, dissolveram-se 0,5 g dos extractos em 20 ml de clorofórmio e adicionaram-se cuidadosamente 2 ml de ácido sulfúrico, formando uma camada de fundo. Uma cor castanho-avermelhada na interface indicou a presença de anéis de esteróides.

3.10.7 Teste para a deteção de glicosídeos saponínicos

Num tubo de ensaio, adicionaram-se 2,5 ml das soluções A e B de Fehling a 2,5 g dos extractos, obtendo-se um precipitado verde-azulado que indica a presença de glicosídeos saponínicos.

3.10.8 Teste de despistagem antrokin

 Homogeneizou-se 0,5 g de cada extrato com 10 ml de benzeno e adicionou-se 5 ml de solução de amoníaco a 10%. A mistura foi homogeneizada e a coloração violeta da fase amoniacal indicou a presença de antroquinas.

3.10.10 Ensaio de deteção de óleos voláteis

Misturou-se uma pequena quantidade do extrato com ácido clorídrico diluído num tubo de ensaio. Formou-se um precipitado branco, indicando a presença de óleos essenciais.

3.11 Rastreio quantitativo de fitoquímicos no alho e na cebola

Devido a limitações de tempo, apenas foi efectuada a análise quantitativa de flavonóides, taninos, glicosídeos, alcalóides e saponinas.

3.11.1 Alcalóides

Cinco gramas de extractos de alho e cebola foram dissolvidos em 100 ml de metanol/etanol. Após evaporação do solvente, o resíduo foi misturado com 200 ml de H2SO4 0,0025 M e separado com éter. A solução aquosa foi tornada básica com uma solução forte de NH2 e depois extraída com excesso de clorofórmio para obter a fração alcaloide, que foi separada por filtração. Após várias extracções com clorofórmio, concentrou-se um extrato volumoso numa estufa a uma temperatura inferior a 40^0 C até à secura. O resíduo alcaloide final foi calculado com base no peso dos extractos pulverizados, de acordo com a seguinte relação

Alcaloide (percentagem) = peso do resíduo de alcaloide x 100

Peso da amostra

$\frac{W2-W1}{W3}$

$W1$ = peso do papel de filtro vazio

$W2$ = peso do papel de filtro + resíduo alcalino

$W3$ = peso da amostra

3.11.2 Saponinas

Cinco gramas (5 g) de extrato seco em pó foram colocados num balão de 250 ml. A partir deste volume, adicionaram-se 100 ml de metanol/etanol ao conteúdo do balão e ferveu-se durante 30 minutos. Os extractos em ebulição foram imediatamente filtrados através de um pano de gaze para um copo de 400 ml. Adicionaram-se ao conteúdo 2 g de carvão vegetal, que foi cozinhado ainda quente e filtrado. Ao arrefecer os extractos, separaram-se algumas saponinas e adicionou-se um volume igual de acetona para completar a precipitação das saponinas. A saponina separada foi recolhida por decantação, dissolvida na menor quantidade possível de metanol/etanol a 95% em ebulição e filtrada a quente para remover o material insolúvel. O filtrado foi arrefecido até à temperatura ambiente, altura em que as saponinas foram precipitadas numa forma relativamente pura. Os líquidos sobrenadantes límpidos foram decantados o mais completamente possível. A saponina precipitada foi suspensa em 20 ml de metanol/etanol e filtrada, tendo o papel de filtro sido imediatamente colocado num exsicador com cloreto de cálcio anidro para secar a saponina. O líquido sobrenadante obtido acima foi concentrado e filtrado para remover qualquer precipitado, tendo o filtrado sido concentrado e arrefecido para obter um novo resíduo de saponina.

3.11.3 Taninos

Transferiram-se cinco (5 ml) dos extractos dos dois bolbos para um Erlenmeyer fechado e adicionaram-se 25 ml de iodo 0,1 N e 10 ml de NaOH a 4%. O conteúdo do balão foi misturado e mantido na obscuridade durante 15 minutos, sendo depois diluído com 10 ml de H_2O e acidificado com H_2SO_4 a 4%. A mistura foi titulada com uma solução de tiossulfato de sódio 0,1N, utilizando uma solução de amido como indicador (no final do ensaio). O número de ml de iodo 0,1 N utilizado corresponde à soma dos taninos e dos pseudotaninos (A). Misturam-se de novo 25 ml dos extractos com 15 ml de solução de gelatina num balão volumétrico de 100 ml, completado com H_2O e cheio. Juntaram-se 5 ml da solução inicial de taninos a 20 ml da alíquota do filtrado num Erlenmeyer fechado, adicionaram-se 25 ml de iodo 0,1 N e 10 ml de NaOH a 4%, misturaram-se e mantiveram-se no escuro durante 15 minutos. A solução foi em seguida diluída com 10 ml de H2O, acidificada com H2SO4 a 4% (10 ml) e titulada com tiossulfato de sódio 0,1 N, utilizando o amido como indicador, correspondendo o número de mililitros de solução de iodo 0,1 N utilizados unicamente ao teor de pseudotanina (B). O ensaio em branco foi efectuado simultaneamente com H2O destilada em vez da solução ou do extrato de taninos. Por fim, a quantidade total de taninos sob a forma de catequina foi calculada através da seguinte relação: 1m N/10 Na2S2O3 = 1ml N/10/2 solução = 0,0290g de taninos calculados sob a forma de catequina (o valor médio ponderado de catequina é 290) % da quantidade total (taninos verdadeiros e/ou pseudotaninos)

3.11.4 Glicosídeos

Extraíram-se cinco gramas (5 g) de extractos de alho e de cebola com 100 ml de metanol/etanol cada e filtraram-se as misturas. Oito mililitros (8 ml) do filtrado foram adicionados a 8 ml de acetato de chumbo a 12,5% (para precipitação de resinas, taninos e pigmentos). A mistura foi bem agitada, completada até ao volume (100 ml) com H2O destilada e filtrada. Pipetaram-se 50 ml do filtrado para outro balão volumétrico de 100 ml e adicionaram-se 8 ml de uma solução de hidrogenofosfato dissódico (Na2HPO4) a 4,7% (para precipitar o excesso de chumbo). A mistura foi completada com água destilada e agitada. A mistura foi filtrada duas vezes com papel de filtro. Adicionaram-se 10 ml do filtrado purificado ao reagente de Baliet (10 ml). Misturou-se também um branco de 10 ml de H2O destilada com 10 ml de reagente de Baliet. As duas soluções foram deixadas em repouso durante uma hora (tempo necessário para o desenvolvimento máximo da cor). Foi utilizado um branco de 20 ml de H2O destilada. A intensidade da cor foi medida com um espetrofotómetro de 495 mm. A cor manteve-se estável durante várias horas. A percentagem de glicosídeos totais foi calculada como digitoxina, utilizando a curva-padrão apresentada, ou simplesmente como digitoxina (=170).

A percentagem de glicosídeos = Ax40x100 = Ax100 g% de glicosídeos totais calculada da seguinte forma
$$170\text{x}100\text{x}0, \qquad 0417$$
de digitoxina, em que A = absorvância do corante a 495 nm

3.11.5 Flavonóides

Dez gramas (10 g) da amostra da planta foram repetidamente extraídos com 100 ml de metanol/etanol à temperatura ambiente e a solução total foi filtrada com papel de filtro Whatman n.º 42 (125 mm). 42 (125 mm). O filtrado foi então transferido para um cadinho, evaporado num banho de água, seco e pesado.

%F = peso do resíduo seco x 100 5

3.12 Análise estatística

As concentrações repetidas foram submetidas a uma análise de variância (ANOVA). As diferenças significativas entre as médias foram determinadas utilizando o teste de classificação múltipla de Duncan (Duncan, 1995) e a análise foi efectuada utilizando o software SPSS (versão 16). Foi também realizado um teste T para determinar a variação entre as médias dos extractos de metanol e etanol.

QUARTO CAPÍTULO

RESULTADOS

4.1 Análise qualitativa dos fitoquímicos do alho e da cebola

A análise dos fitoquímicos no alho e na cebola revelou que as plantas continham esteróides, saponinas, glicosídeos, antroquina e óleos essenciais em proporções iguais. As saponinas não foram detectadas nas cebolas, mas estavam presentes em grandes quantidades no alho. Os flavonóides, os taninos e os glicosídeos cardíacos também não foram detectados no alho, mas estavam presentes em quantidades variáveis na cebola. Os glicosídeos e alcalóides estavam presentes em ambos os bolbos, em grandes quantidades no alho e em pequenas quantidades na cebola, como se pode ver no quadro 1.

Tabela 1:   Análise qualitativa dos fitoquímicos na cebola e no alho (%)

Componente	Cebola	Alho
Flavonóides	+++	ND
Taninos	+	ND
Saponinas	ND	+++
Glicosídeos	+	+++
Alcalóides	+	++
Glicosídeos cardíacos	+	ND
Esteróides	+++	+++
Glicosídeos de saponina	++	++
Antrokline	+	+
Óleos voláteis	++	++

Chave

+=Presente   ,

++=presente em grandes quantidades

+++=Presente   em grandes quantidades

N.   D=Não reconhecido   detectado

4.2 Análise quantitativa dos fitoquímicos do alho e da cebola

O resultado mostra que o extrato de cebola tinha uma percentagem mais elevada de taninos (60,13%) e flavonóides (50%), enquanto a percentagem de glicosídeos (4,4%) e alcalóides (25,6%) era baixa. Em comparação com o alho, os alcalóides (48%) e as saponinas (25,8%) estavam presentes em percentagens mais elevadas, enquanto os glicosídeos tinham uma percentagem baixa (2,27%).

Tabela 2:   Análise quantitativa dos fitoquímicos na cebola e no alho (%)

Conteúdo	Cebola	Alho
Flavonóides	50	-
Taninos	60.13	-
Glicosídeos	4.4	2.27
Alcalóides	25.6	48
Saponinas	-	25.8

4.3 Efeitos de diferentes concentrações e extractos metanólicos/etanólicos de alho e cebola na inibição percentual do crescimento de *A. fumigatus*

Observou-se uma diferença significativa a 10 mg/ml entre o metanol de alho e o metanol de cebola, com o metanol de cebola a ter um efeito negativo na inibição do crescimento fúngico em comparação com o alho na mesma concentração. A 20 mg/ml, foi observada uma diferença significativa, com o metanol de alho a inibir uma zona de crescimento maior do que o metanol de cebola na mesma concentração. A 30 mg/ml, não se registou qualquer diferença significativa. A zona de inibição do fungo é muito menos favorável a concentrações mais elevadas. No entanto, neste caso, a cebola mostrou um maior efeito a esta concentração.

Em contraste, os extractos etanólicos mostraram uma diferença significativa entre o alho e a cebola a uma concentração de 10 mg/ml, com o etanol da cebola a inibir uma maior área de crescimento em comparação com o alho na mesma concentração. A uma concentração de 20 mg/ml, foi observada uma diferença significativa entre o alho e a cebola no efeito prejudicial do etanol do alho, que inibiu o crescimento do núcleo de *A. fumigatus* em comparação com o extrato de etanol da cebola. A 30 mg/ml, não houve diferença significativa entre os extractos de etanol de alho e de cebola, o que significa que, na concentração mais elevada, ambos os extractos tiveram o mesmo efeito.

A comparação dos extractos revelou uma diferença altamente significativa entre os extractos de metanol e etanol do alho a uma concentração de 10mg/ml. O valor de P (P=0,836) está acima do nível de confiança de P=0,05, indicando uma diferença altamente significativa na zona de inibição do crescimento de *A. fumigatus*. A 20 mg/ml, não houve diferença significativa entre os extractos, uma vez que o valor de P foi inferior ao nível de confiança de P=0,05. Da mesma forma, a 30 mg/ml, não houve diferença significativa entre os extractos, uma vez que o valor de P foi inferior a 0,05. Para os extractos metanólico e etanólico de cebola, existe uma diferença altamente significativa entre os extractos a 10 mg/ml, com um valor P = 0,713, que é superior ao nível de confiança P=0,05. Existe também uma diferença significativa entre os extractos a 20mg/ml com um valor P = 0,262, que é superior ao nível de confiança P=0,05.

Quadro 3: Efeitos de diferentes concentrações e extractos metanólicos/etanólicos de alho e cebola na inibição percentual do crescimento de *A. fumigatus*

Espécie vegetal	Conc. (mg/ml)	Extrato metanólico (%)	Extrato de etanol (%)	Valor P
Alho	10	57.33b + 3.66	$59{,}60^b$ +10,07	0.836^{**}
	20	76.75a + 2.15	$90{,}79^a$ + 0,76	0.000^{ns}
	30	78.56a + 2.50	100.00^a +0.00	0.000^{ns}
Cebolas	10	$67{,}26^a$ + 2,24	$65{,}61^c$ +3,73	0.713^{**}
	20	$76{,}34^b$ + 1,69	$81{,}58^b$ +4,06	0.262^{ns}
	30	100.00^a +0.00	100.00^a +0.00	ns

Os valores são médias + erros padrão de seis réplicas

 As médias numa coluna com apóstrofos diferentes são significativamente diferentes (P<0,05) *** Existem diferenças significativas nas médias dos extractos (P<0,05) ns - Não existem diferenças significativas nas médias dos extractos

4.4 Efeitos de diferentes concentrações de extractos metanólicos/etanólicos de alho e cebola na inibição percentual do crescimento de *A. niger*

O quadro seguinte mostra os resultados dos efeitos das concentrações e dos extractos metanólicos/etanólicos de alho e cebola contra *A. niger*. A concentração de 10 mg de alho e cebola não mostrou uma diferença significativa entre as espécies de plantas. No entanto, a 20 mg/ml, registou-se uma diferença significativa, uma vez que o metanol do alho inibiu fortemente o crescimento do fungo. A 30 mg/ml, houve uma diferença significativa, com o metanol da cebola a causar uma inibição completa do crescimento. Para os extractos etanólicos, a uma concentração de 10 mg/ml, não houve diferença significativa entre o alho e a cebola, a inibição foi quase a mesma a esta concentração, mas a 20 mg/ml, não houve diferença significativa entre os extractos etanólicos de cebola, o resultado mostrando a mesma zona de inibição que a observada. A 30 mg/ml, não se verificou qualquer diferença significativa entre os dois extractos, tendo ambos inibido completamente, independentemente da espécie vegetal.

A comparação dos extractos de alho numa concentração de 10mg/ml mostra uma diferença altamente significativa com um valor de P = 0,453, acima do nível de confiança de P=0,05. Numa concentração de 20mg/ml, também se registou uma diferença altamente significativa com um valor de P = 0,473, acima do nível de confiança de P=0,05. A 30mg/ml, não houve diferença significativa entre os extractos, com um valor de P = 0,000, que está abaixo do nível de confiança de P=0,05.

Os extractos metanólico/etanólico de cebola mostraram uma diferença altamente significativa a 10mg/ml com um valor P = 0,796 que é superior ao nível de confiança de P=0,05, mas não há diferença significativa a 20mg/ml entre os extractos metanólico/etanólico com um valor P

= 0,024 que é inferior ao nível de confiança de P=0,05. Mesmo a 30mg/ml, os extractos metanólicos/etanólicos de cebola não mostraram uma diferença significativa entre os seus valores médios. Isto significa simplesmente que a mesma zona de inibição pode ser obtida independentemente dos agentes de extração utilizados.

Quadro 4: Efeitos de diferentes concentrações e extractos metanólicos/etanólicos de alho
e cebola na percentagem de inibição do crescimento de *A. niger*

Espécie vegetal Conc. (mg/ml)	Extrato metanólico (%)	Extrato de etanol (%)	Valor P
Ail10	$62,20^c$ +2,23	$59,56^c$ +2,54	0.453^{**}
20	90.77a +1.21	89.66b +0.87	0.473^{**}
30	82.22b +1.15	100.00a+0.00	0.000^{ns}
Cebola10	$62,50^c$ + 5,2	$64,15^c$ + 3,38	0.796^{***}
20	83.07b+2.14	89.27b+ 0.90	0.024^{*}
30	100.00^a +0.00	100.00^a +0.00	ns

Os valores são médias + erros padrão de seis réplicas

[a,b,c] As médias numa coluna com apóstrofos diferentes são significativamente diferentes (P<0,05)

*** Existe uma diferença significativa entre as médias dos extractos (P<0,05) ns - Não existe diferença significativa entre as médias dos extractos.

4. 5 Efeitos de diferentes concentrações e extractos metanólicos/etanólicos de alho e cebola na inibição percentual do crescimento de *A. flavus*.

O resultado na tabela seguinte mostra que existe uma diferença significativa nos valores médios das concentrações de metanol do alho e da cebola a 10mg/ml, em que a cebola inibe uma zona de crescimento maior em comparação com o alho. A uma concentração de 20mg/ml, existe uma diferença significativa nos valores médios do metanol do alho e da cebola, neste caso o alho inibe uma maior zona de crescimento em comparação com a cebola, enquanto a 30mg/ml não existe uma diferença significativa nos valores médios do metanol do alho e da cebola, uma vez que ambos têm um efeito negativo a concentrações mais elevadas.

Os extractos etanólicos de alho e cebola não apresentaram diferenças significativas nos valores médios a 10 mg/ml. O mesmo se aplica aos extractos a 20 mg/ml, não havendo diferença significativa nos valores médios dos extractos etanólicos das duas espécies de plantas. A 30 mg/ml, o resultado mostra que não há diferença significativa entre os extractos, enquanto que a concentrações mais elevadas, o mesmo resultado pode ser obtido independentemente da espécie vegetal.

A comparação entre os extractos metanólico e etanólico de alho a uma concentração de 10 mg/ml mostrou uma diferença significativa com um valor P de 0,371, acima do nível de confiança P=0,05. O mesmo se verificou a 20mg/ml, onde foi observada uma diferença significativa entre as médias com P=0,00, que é inferior ao nível de confiança de P=0,05. Não houve diferença significativa entre os extractos a 30mg/ml no alho.

Não houve diferença significativa entre os valores médios dos extractos metanólico e etanólico de cebola a 10mg/ml, sendo o valor de P = 0,00 inferior ao nível de confiança. O mesmo se aplica a 20 mg/ml, onde não há diferença significativa entre os valores médios dos extractos, sendo o valor P = 0,025 inferior ao nível de confiança de P = 0,05. Do mesmo modo, a 30 mg/ml, não foi observada qualquer diferença significativa entre as médias dos dois extractos, P = 0,00, que é inferior ao nível de confiança de P = 0,05, indicando que tanto os extractos de metanol como de etanol da cebola podem atingir a mesma zona de inibição do crescimento, independentemente dos agentes de extração.

Quadro 5: Efeitos de diferentes concentrações e diferentes extractos metanólicos/etanólicos de alho e cebola na inibição percentual do crescimento de _A. flavus_.

Espécie vegetal Conc. (mg/ml)	Extrato metanólico (%)	Extrato de etanol (%)	Valor P
Ail10	50.20b + 5.71	41,71^c +7,03 .	0.371[*]
20	73.25a + 4.51	81.27b + 3.99 .	0.213[*]
30	78.46a + 2.77	100.00^a +0.00	0.000[ns]
Cebolas10	56,22^c + 1,32	43,30^c +3,09	0.003[*]

| 20 | 66.12b +2.38 | 54.50b +3.71 | 0.025[**] |
| 30 | 100.00ª +0.00 | 100.00ª +0.00 | ns |

4.6 Efeito comparativo de diferentes concentrações de extractos de alho e cebola em isolados fúngicos

O teste efectuado mostra que os valores de P= são superiores ou inferiores ao valor de 10mg/ml para *A.fumigatus a* um nível de confiança de P<0,05. Verificou-se uma diferença significativa entre os valores médios do alho e da cebola com P=0,164 acima do nível de confiança P=0,05. Nesta concentração, a cebola apresentou um efeito inibitório mais desfavorável do que o alho. Na concentração de 20mg/ml, houve uma diferença significativa entre as espécies vegetais, com P=0,155 acima do nível de confiança P=0,05, nesta concentração o alho teve um efeito inibitório negativo sobre o crescimento do fungo. A uma concentração de 30 mg/ml, não houve diferença significativa entre os valores médios do alho e da cebola, com um valor de P=0,05, abaixo do nível de confiança de P=0,05. Isto indica que em concentrações mais elevadas, tanto para o alho como para a cebola, é possível obter uma inibição completa do crescimento de *A. fumigatus*.

Ao comparar o alho e a cebola contra *A. niger, verificou-se* uma maior diferença significativa nos valores médios das espécies vegetais com P=0,481, que é superior ao nível de confiança de P=0,05. A cebola mostrou um maior efeito inibitório do que o alho. A 20 mg/ml, não foi observada qualquer diferença significativa, valor de P = 0,020, que é inferior ao nível de confiança de P=0,05. A 30mg/ml, não se registou uma diferença significativa entre os valores médios das espécies vegetais, valor de P = 0,00, que é inferior ao nível de confiança de P = 0,05.

O resultado para *A. flavus*, testado em alho e cebola a 10 mg/ml, mostra que o valor P = 0,469 indica uma diferença significativa elevada nas médias. Por conseguinte, a uma concentração de 20 mg/ml, não se registou qualquer diferença significativa nas médias das espécies, com valores de P = 0,00 abaixo do nível de confiança de P = 0,05, enquanto a 30 mg/ml também não se observou qualquer diferença significativa, com valores de P = 0,006 abaixo do nível de confiança de P = 0,05.

Conc, (mg/ml)	Alho (%)	Cebola (%)	Valor P	Alho (%)	Cebolas (%)	Valor P	Alho (%)	Cebolas (%)	Valor P
5.12	1058.47b +	66.43c+ 2.09	0.164*	60.88b+1.66	63.32c+2.97	0.481†	45.96c+4.50	49.76c+2.52	0.469**
2083	.77a+2.38	78.96b+2.24	0.155*	90.22a+0.73	86.17b+1.45	0,020ns	77.26b+3.11	60.31b+2.74	0.000ns
3089	.28a+3.44	100.00a+0.00	0,005ns	91.11a+2.74	100.00a+0.00	0,004ns	89.23a+3.51	100.00a+0.00	0,006ns

Quadro 6: Efeito comparativo de diferentes concentrações de extractos de alho e cebola em isolados fúngicos.

Os valores são médias + erros padrão de seis réplicas
[a,b,c] As médias numa coluna com apóstrofos diferentes são significativamente diferentes (P<0,05)
† Existem diferenças significativas nos valores médios dos extractos

ns - Não existe uma diferença significativa entre as médias das médias das ext

CAPÍTULO CINCO

5.0 **DISCUSSÃO**

O estudo in vitro da eficácia dos extractos de alho e de cebola contra *Aspergillus fumigatus,* *A. niger e A. flavus* revelou que ambas as espécies vegetais têm um certo potencial fungicida, que se revela eficaz em concentrações mais elevadas. As análises fitoquímicas realizadas no âmbito deste estudo revelaram a presença de flavonóides, taninos, glicosídeos, alcalóides, glicosídeos cardíacos, esteróides, glicosídeos sapónicos, antroquina e óleos essenciais na cebola, enquanto que no alho foram detectadas saponinas, glicosídeos, alcalóides, esteróides, glicosídeos sapónicos, antroquina e óleos essenciais. Este trabalho é consistente com as conclusões de Halilu *et al* (2013) de que os extractos de plantas possuem determinados metabolitos secundários (fitoquímicos) de importância antimicrobiana.

Os extractos metanólicos e etanólicos de alho e cebola mostraram uma elevada atividade antifúngica e inibitória contra todos os fungos testados, particularmente em concentrações mais elevadas de 20mg/ml e 30mg/ml, com uma zona de inibição percentual média de 76 - 100% (extractos metanólicos) e 89100% (extrato etanólico). Isto está de acordo com o trabalho de Naz e Bano (2013), que relataram que os extractos de metanol de plantas têm um efeito antifúngico em espécies de fungos, incluindo *aspergilli*. O *A. niger* foi inibido pelo metanol do alho, cujo valor médio diferiu significativamente do valor do metanol da cebola a 20 mg/ml. A zona de inibição a esta concentração foi de 90,77% em comparação com 83,07% para o extrato metanólico de cebola, sendo esta elevada percentagem de inibição provavelmente devida à presença de fitoquímicos. Este trabalho também é semelhante ao de Sibi *et al* (2012), que relatou que os flavonóides e alcalóides podem inibir o crescimento de *A. niger, o que* também é consistente com o relatório de Benkeblia (2005), que descobriu que *A. niger* foi menos inibido em baixas concentrações devido à presença de certos compostos no extrato com ação fungicida. Do mesmo modo, Deepa *et al* (2012) encontraram uma atividade antifúngica significativa do extrato de metanol contra *A. niger*. Amin *et al* (2013) também concordam com o relatório de que *o A. niger* é um dos fungos que é relativamente

31

sensível aos extractos de alho em concentrações mais elevadas. O resultado obtido para *Aspergillus flavus indica* algum efeito inibitório de ambos os extractos sobre o organismo à medida que a concentração dos extractos aumenta, com o etanol de alho a inibir 81,27% a uma concentração de 20 mg/ml e mais a 30 mg/ml. O resultado obtido é semelhante ao de Lanzotti *et al* (2002), que investigaram a atividade antifúngica da saponina da cebola, e também ao de Ponnulaksmy e Ezhilarasi (2013), cujo resultado mostrou a maior zona de inibição para diferentes variedades de cebola contra fungos, e o resultado também coincide com o de Irkin e Korukluoghu (2007), que relataram que o alho exibiu a maior atividade antifúngica contra o organismo. Isto é consistente com o trabalho de Akhter *et al* (2006), que descobriu que os extractos de alho e cebola eram mais promissores em concentrações mais elevadas. O resultado do efeito dos extractos sobre *A. fumigatus* também mostrou uma inibição notável de ambos os extractos a concentrações mais elevadas, particularmente o etanol de alho a 20 mg/ml, que inibiu o crescimento fúngico em 90,79%, com inibição completa a 30 mg/ml para todos os extractos. Isto confirma o trabalho de Amin *et al* (2013), que referiu que os alcalóides, flavonóides, saponinas e esteróides têm agentes antifúngicos activos sobre *A. fumigatus,* e Akhter *et al* (2006) também considerou que o alho e a cebola têm algum efeito fungotóxico em comparação com outros extractos de plantas incluídos neste estudo. Este trabalho também é semelhante ao de Goncagul e Erol (2010), que registaram o efeito fungistático do alho sobre o *A. fumigatus* in vitro e in vivo.

Ponnulaksmi e Ezhilarasi (2013) também referiram que um extrato da casca e das partes comestíveis de cebolas vermelhas possui atividade antifúngica contra o organismo devido aos compostos de alicina ou tiossulfonato presentes nas cebolas.

Verificou-se que, a uma concentração de 10 mg/ml, a concentração mais baixa do estudo, os extractos de metanol e de etanol da cebola apresentaram um efeito inibitório desfavorável sobre os três fungos, em comparação com os extractos de metanol e de etanol do alho. Este trabalho coincide com o de Benkeblia (2004) sobre a atividade antimicrobiana de extractos de óleo essencial de várias cebolas e alho. A uma concentração elevada de 20 mg/ml, o alho mostrou uma atividade inibitória mais forte contra os três fungos, e a uma concentração mais elevada de 30 mg/ml, ambos os extractos de cebola mostraram grandes zonas de inibição, houve uma inibição completa, embora o alho-metanol tenha mostrado apenas um crescimento muito fraco, mas a inibição a este valor para o alho-metanol foi entre 80 e 90% da zona de inibição, como se mostra no Quadro 3 (ver Apêndice II). Este resultado foi semelhante ao trabalho de Olusanmi e Amadi (2010), que realizaram um estudo na mesma área e referiram que o alho e a cebola apresentavam uma elevada atividade fungicida, independentemente do extrato.

Os resultados também mostraram o efeito do etanol do alho e do metanol da cebola a uma concentração de 30 mg/ml no meio (SDA) 24 horas após a distribuição do meio, como mostram as placas 7 e 8 (ver apêndice II), que parecia ter sido branqueado ou desnaturado pelos extractos antes da inoculação com os três fungos estudados (ver apêndice II; placas 7 e 8).

Conclusão

Os resultados do estudo in vitro mostraram que os fungos isolados e identificados são os agentes patogénicos do amendoim pós-colheita. Os organismos em questão são *Aspergillus fumigatus, A. niger* e *A. flavus.* Foi também registada a análise fitoquímica *de* dentes de alho e bolbos de cebola. Os seguintes fitoquímicos foram detectados em ambas as plantas, em quantidades variáveis consoante a espécie: flavonóides, saponinas, esteróides, glicosídeos, glicosídeos cardíacos, alcalóides, antroquina e óleo essencial foram detectados em ambas as plantas. Presume-se que a presença destas substâncias químicas é responsável pelo efeito fungicida dos extractos de plantas.

Como parte deste trabalho, foi também testada a eficácia das espécies vegetais nos organismos estudados. Tanto os extractos metanólicos como os etanólicos das plantas revelaram-se nocivos a concentrações mais elevadas e inibiram uma maior percentagem da zona de crescimento dos três organismos. A inibição total a 30 mg/ml foi comparada com o fungicida sintético (Kartodim 315 EC) utilizado como controlo positivo no ensaio. O etanol do alho foi mais desvantajoso do que o metanol do alho em concentrações mais elevadas, e não houve diferença significativa na zona de inibição dos dois extractos de plantas em concentrações mais elevadas, independentemente do agente de extração utilizado, uma vez que cada espécie de planta pode dar resultados semelhantes em concentrações de extrato mais elevadas. Em todas as concentrações (10mg/ml, 20mg/ml e 30mg/ml), o *A. niger* foi afetado negativamente em comparação com o *A. fumigatus* ou o *A. flavus*. O *A. favus foi* menos afetado pelos extractos de ambas as espécies de plantas em todas as concentrações.

Recomendações

Com base nos resultados deste estudo, são feitas as seguintes recomendações;

1. Os extractos de alho e cebola são potenciais fungicidas biodegradáveis e amigos do ambiente. O governo poderia, portanto, continuar a sua investigação para substituir os agroquímicos tóxicos que são perigosos para o ecossistema por extractos de plantas.

2. Os agricultores devem receber formação sobre os potenciais efeitos fungicidas das suas plantas nativas, a fim de encontrar uma solução sustentável para os ataques de fungos durante o armazenamento, dado que estas plantas são baratas e acessíveis a agricultores de todos os níveis.

3. O governo pode encorajar o cultivo de alho e cebola, tal como outras culturas, como o arroz, a cana-de-açúcar, o cacau e outras, são apoiadas por programas de empréstimos para aumentar a sua produção em maior escala.

4. A indústria poderia transformar estes extractos de plantas numa tecnologia melhor, mais acessível e sustentável, de modo a que pudessem ser modernizados sob a forma de pó, de gás ou de outras formas que os agricultores pudessem facilmente rentabilizar. Este poderia ser um dos planos do governo para promover a agricultura no país.

5. O governo do país, os institutos de investigação e os estabelecimentos de ensino superior poderiam incentivar mais investigação nos domínios da tecnologia e da engenharia, a fim de utilizar melhor estes extractos.

REFERÊNCIAS

Agrios, G.N. (2005) *Plant Pathology*, 2nd Edition Academic Press, New York. **S.** 119

Aguoru, C.U., Kombur, D.S. e Olasan, J.O. (2015) Eficácia comparativa de diferentes espécies de malagueta (*Capsicum* spp) no controlo dos danos causados por pragas de groselha (*Arachis hypogea* L.) em populações de língua Tiv do centro-norte da Nigéria: *International Journal of Current Microbiology and Applied Science*: ISSN: 2319-7706: 4(2) **p.** 1018-1023: http://www.ijcmas.com

Akhter,N., Ferdousi, M.B., Alam, S. e Alam,M.S. (2006) Efeito inibidor de diferentes extractos de plantas, estrume de vaca e urina de vaca na germinação de conídios de *Bipolaris sorokiniana*. *Jornal de Ciências Biológicas*. ISSN 1023-8654 : 14 **P 87-92**

AL.Samarai G., Singh H. e Syarhabil M. (2013) Avaliação de produtos botânicos ecológicos (extractos naturais de plantas) como alternativas aos fungicidas sintéticos. *Annal of Agricultural andEnvironmental Medicine,* www.aaem-pl **19(4) p** 673 - 674.

Amin, M.G aminata, O.H e Bouabdallah G. (2013) Avaliação do efeito antifúngico de um extrato orgânico de sementes de *Citrullus colocynthis* argelino contra quatro estirpes de *Aspergillus* isoladas de trigo armazenado. *Jornal de investigação sobre plantas medicinais.* www.academicjournals.ogr/JMPR **7(12) p** 272 - 733

Anónimo,(2012) Nigéria Apesar dos desafios, a cultura do amendoim continua a prosperar.www.nigeriadsilynews.com/Africa/44956.

Anónimo, (2014) Estimativa de aflatoxinas em amostras de alimentos: Efeitos das aflatoxinas na saúde humana e animal. http://www.icrisat.org/aflatoxins/anamika_Effects_Aflatoxins.asp

Begum, M.A.J; Balamurugan P., e Babakar K. N (2013) deterioração da qualidade da semente em amendoim   duetofungiduringstorage . *Plantpathogenjournal* URL:http://sci.alert.net/abstract/?dri **12** ; **P. 176 - 179**

Benkeblia, N. (2004) Antimicrobial activity of essential oil extracts from various onions (*Allium cepa*) and garlics (*Allium sativun*) *Swiss Society of Food Science and Technology*. ELSERVIER. www.elservier.com/locate/lwl. **09**, P 263 - 265

Benkeblia, N. (2005) Capacidade de eliminação de radicais livres e propriedades antioxidantes de extractos seleccionados de cebola (*Allium cepa* L.) e alho (*Allium sativum* L.). *Arquivos Brasileiros de Biologia e Tecnologia:* http:// dx.doi.org/ **48(5) P** 753=754

CAST, (2003) Mycotoxins - Risk in the plant, animal and human system. *A fonte científica para Alimentação, agricultura e ambiente.*www.CastScience.org/news/?cast

Dankert, J.,Tromp, TF, de Vries H, Klassen H.J. (1979) Antimicrobial activity of *Alliumascalomcary* raw juice,   Alliumcepae *Alliumsativum.* www.ncbi.nlm.nihgov///6669596/

Deepa T. Elamathi R, Kalamalakannaa, Sridhar S. e Suresh J. (2012) Rastreio das actividades físicas, fitoquímicas e antimicrobianas dos extractos de folhas de Sapindus emarginatus Vahl. *Revista internacional de investigação farmacêutica* www.Sphinxsai.com. **4(1)** P 392 - 393

Diener, U.L. e Cole R.J. (1987) *Aflatoxins and other mycotoxins in peanuts in Peanut Science and   Technology.* www.annualreviews.org/doi/pdf/10:annualv.py.25.090187.001341

Duncan, D. B. (1955) *Biometrics with several domains and several tests F* p. 142 - 144

Ebele M.I (2011) Avaliação de alguns extractos aquosos de plantas para o controlo de fungos de podridão em frutos de papaia (*Carica papaya* L.). *Jornal de Biociências Aplicadas* www.m.elawa.org/JABS/2011/37/1.pdf : 37 **P 2419-2424**

Eghararba H.O., Ocheme O.E., Ughabe G. e Abdullahi; M. S. (2010) *Rastreio fitoquímico e estudos antimicrobianos de extractos de* metanol, *acetato de etilo e hexano de Vitex doniaina, (caule, casca e folha)* www.Sciencepub.net/nature/250808/2234-3424pdf. **8(8) P** 1778 - 1779.

Elnina E.L., Ahmed S.A., Mekkawi A.G. e Mossa J.S (1983). *Antimicrobial activity of garlic and onion extracts.* file:///F;/Material%204.htm **38(11) P** 747

El-Olemyl, M.M., Fraid, J.A et Abdulfattah, A.A (1994) : *Phytochimie expérimentale. Un manuel de laboratoire* Afifi Abdel Fattah, A. Comp. IV Université du Roi Saud **p.** 340

F. OA (2003) Food safety and quality: mycotoxins. www.foa.org/food/food-safety-quality/a-z- index/mycotoxins/en/

Farriconsulting (2012) *Groundnut (peanut) export in Nigeria ; non oil export opportunity series* http://farmconsulting.blogspot.com/2012/03/groundnut-peanut-export.

Fred, A.C., Ikegbunem M. Ezugwu C.O e Agbata C. (2012) Estudos fitoquímicos preliminares e atividade antimicrobiana do extrato metanólico das folhas de Dichapetalum madascariense, pera, família, Dichapetalaceae. *Jornal de Pesquisa Farmacêutica Avançada* www.pharmresfoundation.com. **34(4) P** 70 - 73

Gahukar R.T. (2007) Botanicals for use against vegetable pests and diseases. *Revista internacional de ciência vegetal* http://ijivshaworthpress.com.khayria-abde **13(1)**

Garba A., B. M Auwalu e S.D Abdul (2006): *Efeito do espaçamento entre linhas e da variabilidade do tamanho das sementes no rendimento de dez variedades de amendoim em* Bauchi, Nigéria. www.savannajournal.com/vol1no1.htm

Gibbons,R.W., Buntings, A.H e Smartt.J, (1972). *A classificação das variedades de amendoim (Arachis Lympogaea L.). Euphytica* Springer.com/article/10.1007%2FBF00040550. **21 P** 78-79.

Girma S. (2000) *An Inventory of natural resources of Zuru Emirate* (não publicado); documento apresentado aos estudantes de geografia da Universidade Usmanu Danfodio, Sokoto, Faculdade de Agricultura, Zuru Kebbi State Nigéria.

Goncagul G. e Erol A. (2010) Efeito antimicrobiano do alho (*Allium setivum*) e da medicina tradicional, *Journalofanimalalandveterinaryadvances* http://www.medwelljournals.com/falltext/?doi=favaa.2010.1.4. **9 P 3**

Gurja M.S., Gulsen, G.Ali, S.A.,Masood, A.e Kagabam S.S. (2012) Eficácia dos extractos de plantas na gestão de doenças das plantas Agricultural Science.http://www.scrip.org/journal/as/. **3(3) P 425426.**

Halilu, M.E., A. Abubakar, Garba M.K. e Isah A.A. (2013) Estudos preliminares antimicrobianos e fitoquímicos do extrato de metanol da casca da raiz de Crossopteryx febrifuga (Rubiaceae). *Jornal de Ciências Farmacêuticas Aplicadas* htt://www.japsonline.com 2(12) **P 066-070**

Harborne, J.B. (1973) Phytochemical methods; *A guide to modern techniques of plant analysis*.J.B.
Harborne (ed.) Chpman and Hall London **p. 279**

Harish, S. Saravankumar, D. Ebenezer, E.G e Seetharangan K. (2008) *Use of plant extracts and biocontrol agents for the management of brown spot disease in rice.* 53,555-566 DOI:10.1007/S10526-007.9098-9.

Ibiam,O.F. e Egwu, B.N (2011) Doenças pós-colheita transmitidas por sementes em relação às sementes de três variedades de amendoim (*Arachis hypogea L.*) *Agricultural and Biology journal of North* America. http://www.scihub.org/ABJNA p 598 - 599

Ilondu E.M. (2011) Avaliação de alguns extractos aquosos de plantas utilizados no controlo de fungos do fruto da papaia vermelha (*Caricapapaya   L.*) *Journal   AppliedBioscience*, www.m.elawa.org/JABS/2011/37/i.pdf **36 P** 2419 - 2421

Irkin, R. e Korukluoghu M. (2007) Controlo de *Aspergillus niger* com extractos de alho, cebola   e   alho-francês.   *Jornal   Africano   de   Biotecnologia* http://www.academicjournals.org./AJB. **6(4) P** 385 - 386

Joseph, B., Ahmad, M. e Kumar, P. (2008) Bioeficácia de extractos de plantas para o controlo de *Fusarium solani, Melongenea incitant* of Brinjal wilt. *Jornal Mundial de Biotecnologia e Bioquímica*: **3(3) P** 56-59

Kala, S. (2008) *Economic importance of groundnuts.* www.indiastudychemical.com/resource.

Khaing, T.A (2011) Avaliação das actividades antifúngicas e antioxidantes do extrato de folhas de Aloe vera *(Aloe barbadensis mitter) Academia Mundial de Ciência, Engenharia e Tecnologia*.www.desertharvest.com/.../antifungal %20

Kishore, G.K, Pande S. and Rao T.N (2001) Control of late leaf spot of groundnut (Arachis hypogeal L.) by extracts from Non-host plant species. *Journal of Plant Pathology* Odr.icrisat.org/4838/. **17(5)** S. 264 - 265.

Krishna, G., Kinshoe, Pande, S. e Rao J.N. (2011) Controlo da mancha foliar tardia da butternut (*Arachis hypogea L.*) por extractos de espécies de plantas não hospedeiras. *Plant Pathology Journal*.Odr.icrisat.org/4838/. **17(5) P** 264-270

Lanzotti, V., Barile, E., Antiganani, V., Bonanomi e G., scala (2002) Antifungal saponins from garlic bulbs. www.ncbi.nih.gov/m.../22513009 **78 p** 126 - 134

Lawal M. (2012) *O milagre económico é possível no norte da Nigéria* Muhdlawal.worldpress.com/5/

Mahlo,S.M., McGaw L.J, and Eloff J.N. (2010) *The antifungal activity of acetone, methanol, hexane and dichloromethane leaf extracts of six plant species phytomedicine program,* Department of Paraclorical sciences, University of Pretoria, South Africa Joseph B.

Martins M. Ariane M.K.,Tatiane P.S.,Carolina P., Geovana D.S. e Vildes M.S.(2014) Inibição do crescimento e produção de aflatoxinas de *Aspergillus parasiticus* por extratos de guaraná (*Paullinia cupana* Kunth) e jucá (*Libidibia ferrea* Mart). *African Journal Biotechnology*.htt://www.academicjournals.org/AJB;13 (1) **P 131-137**

Mukhtar S. e Ghori, I. (2012) Atividade antibacteriana de extractos aquosos e etanólicos de alho, canela e curcuma contra *E. coli* e *B. subtilis*. International *Journal of Applied Biology and Pharmaceutical Technology (IJABPI)* ISSN: 0976-4550 www.ijabt.com. **3**

Nautiyal P.C. (2012) Groundnut: Post harvest operations National Research Centre for groundnut (ICAR) www.icar.org.in.

Naz, R. e Bano, A. (2013) Rastreio fitoquímico, antioxidantes e potencial antimicrobiano de Lantana camara em diferentes solventes. *Asian Pacific Journal of Tropical Diseases*.http://www.ncbi.nlm.nih.gov/pmc/articles/PMC4027341 : 3(6) **P 480-48**

Obilo, O.P., Oguamanan, K.N., Ogbede, K.O, Onyia, V.N e Ofor, M.O. (2005) A utilização de extractos de plantas no controlo de *Aspergillus niger* em inhame vermelho (*Dioscorea* Sp) durante o armazenamento. *International Journal of Agricultural Rural Development* www.ajol.info. **6 P** 74Ogle, H. e Dale, M. (2003) Disease Management: Cultural Practices. **P 390-403Olusanmi**, M.J e Amadi J.E (2010) Estudos sobre as propriedades antimicrobianas e o rastreio fitoquímico dos extractos de alho (*Allium sativum*), http://www.ethanoleaflets.com/leaflets/Olusanmi.htm . *Savannah Journal of Agriculture* ISSN : 1597-9377. **1 P** 46 - 47

Opara E. U. and Obani F.T. (2010) performance of selected plant extracts and pesticides in the control of bacterial spot diseases of solanum. *Revista Agrícola* DOIS 10.393/aj. 5 P 45 - 47

Ponnulakshmi, R. e Ezhilarasi, B.S. (2013) Eficácia dos extractos de bolbos de variedades de *Allium cepa* (cebola vermelha, branca e pequena): Uma atividade antifúngica e antioxidante invitro International *Journal of pharmacology and Biodcience*: ww.ijpbs.net. **4(4)** 696 - 698

Prasad P.V.V., Vijeya G.K. e Hari D. U. (2009) *Soil plant growth and crop production.*

http://www.eolss.net/EO/ss-sample chaptter.aspx. **2 P** 142-144.

Reddy K.R.N., Nurdijali e Salleh B. (2010) An overview of plant derivative products on control of mycotoxigenic fungi and mycotoxins *Asian Journal of plant sciences* www.researchgate.net/.../45146838. **9(3) P** 126 - 128

Reddy, T.M., Balakrishna M.H., Raja R.A. e Ronga N.G. (2008) (0,5%) em vagens e núcleos de plantas controlaram a colonização de Aspergillus flavus e a síntese de aflatoxinas. *Indian Journal of experimental Biology* **47 P** 63-65.

Robbert S.A. (1988) *Introduction to foodborne fungi,* Third Edition. Centro de Culturas Alimentares. Países Baixos p. 240 - 243

Shama I.Y.A, Ahmed A.N.Y, Wala M.M.S. e Warda S.A (2011) Atividade antimicrobiana da *noz* de cola mastigatória acuminada (Goro). *Jornal de Ciências Biológicas.* Mawellsci.com/print/crjbs/v3-357-362.pdf. **4 P** 357 - 358

Shinkafi, S.A. (2013) Actividades antidermatofíticas, rastreio fitoquímico e estudos cromatográficos de *Pergularia tomentosa L. e Metracarpus seaber* zicc. (Folhas) utilizadas no tratamento da dermatofitose. *International Journal of Microbiology Research* (IRJM) http://www.interesjournals.org/IRJM. **4(1) P** 29 - 31

Shiyam, John Okokoh (2010) Resposta de crescimento e rendimento do amendoim (*Arachis hypogea* L.) a densidades de plantas e fósforo num untisol no Sudeste da Nigéria Centro de Investigação Agrícola da Líbia, *Jornal Internacional* www.idosi.org./larcji/1(4)10/2.pdf. **1(4) P** 211 - 212

Sitara, U., Hassan, N. e Naseem, J. (2011) Atividade antifúngica do gel *de aloé vera* contra fungos fitopatogénicos :   Jornal de Botânica do Paquistão :   43(4) **P 2231-2233.** www.pakb.org/pjbot/pdfs/43(4)/pjb 43 (4) 2231.pd

Sibi, G., Awasthis, S., Dhananjaya, K., mallesha, H. e Ravicumar, K.R. (2012) estudos comparativos de espécies de *plumenria* para as suas propriedades fitoquímicas e antifúngicas contra agentes patogénicos *de Citrus sinensis*. *International Journal of Agricultural Research.* **7(6)**: 324 - 331. ISSN 1816- 4897/DOI: 10.3928/ijar.

Singh, H., Fairs G. e Syarhabil M. (2011) Antifungal activity of *Capsicum frutescence* and *Zingiber afficinale* against key postharvest pathogens in citrus. *Conferência internacional sobre engenharia e tecnologia biomédica* wwwipcbww.com/vol.11/1-B300/6.pdf. P 1-2

Sofowora, A. (1993) *Medicinal plants and traditional medicine in Africa*. Wiley London **p.** 142

Sullivan, G.A. (1984) seed and seedling diseases in: Compedium of peanut disease. American phytopathologicalsociety   toxicblackmoldinformationzentrum (TIMIC).Scihub.org/.../ABJNA-2-4-598-602.pdf. www.ncbi.nlm.nih.gov/m/.../22513009/

Thurston, H.D. (1997) *Sustainable practices for plant diseases management in traditionalalfarming* system. West View Press Boulder, Colorado.

Turner, P.C., Sylle, A., Gong TY., Diallo MS., Suldiffe A.E., Hall A.J. e Wild CP.(2007) Reduction in exposure to Carcinogenic aflatoxins by based intervention study.Lancet 365. 1950-1956.

Zohri A. N (2011) Actividades antibacteriana, antidematofítica e antioxidante do óleo de cebola (*Allium cepa* L.). https//www.zotero.org/../WMR6HGUH

ANEXO I

CÁLCULOS PARA A DETERMINAÇÃO QUANTITATIVA DE EXTRACTOS DE CEBOLA
CEBOLA (*ALLIUM CEPA*)

i.   Flavonóides $= W2 - W1 \times 100$ over $W3$

    $= \dfrac{45,96g - 43,42g \times 100}{5g}$

    $= 2$ $\dfrac{,54 \times 1000 = 0,508 \times 100}{5}$

    $= 50$ $.8\%$

ii.   Taninos $=$ Concentração de taninos mg% W/V $= \dfrac{AT \times \text{Con. de std}}{Astd}$

    $= \dfrac{0,89 \times 50 \text{ mg/ml}}{0.74}$

    $= 60$ $,13$ mg/% p/v

iii.   Glicosídeo $= \dfrac{\text{Abs. \% Amostra} \times \text{Con. de Std.}}{\text{Abs de std}}$

    $= 0$ $\dfrac{.750 \times 100}{17}$

    $= 4$ $.4\%$

iv.   alcalóides$=$ alcalóides   residuais g% p/v

    $= \dfrac{\text{Peso do resíduo de alcaloide} \times 100}{\text{Peso da amostra}}$

    $= \dfrac{W2 - w1 \times 100}{W3}$

    $= \dfrac{2.74 - 1.46 \times 100}{5}$

    $= 25$ $.6\%$

ALHO (*ALLIUM SATIVUM*)

v.   Saponinas $= 2$ $\dfrac{,74g \qquad -1,46g \times 100}{5}$

    $= 25$ $,6$W/V

vi.   Glicosídeo$= \dfrac{0.387 \times 100}{17}$

    $= 2$ $.27\%$

vii.   Alcalóides $= \dfrac{1,94g - 1,46g \times 1005}{5}$

    $= 48\%$

ANEXO II

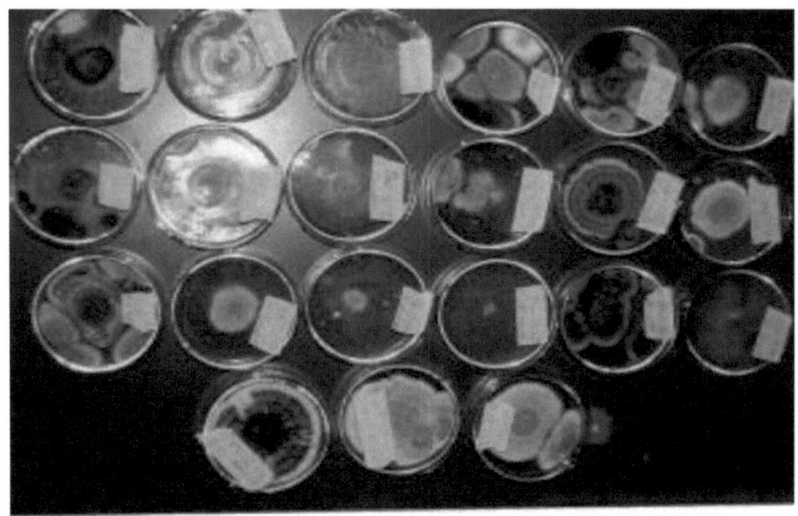

Placa 1: etanol de cebola e etanol de alho a uma concentração de 10mg/ml

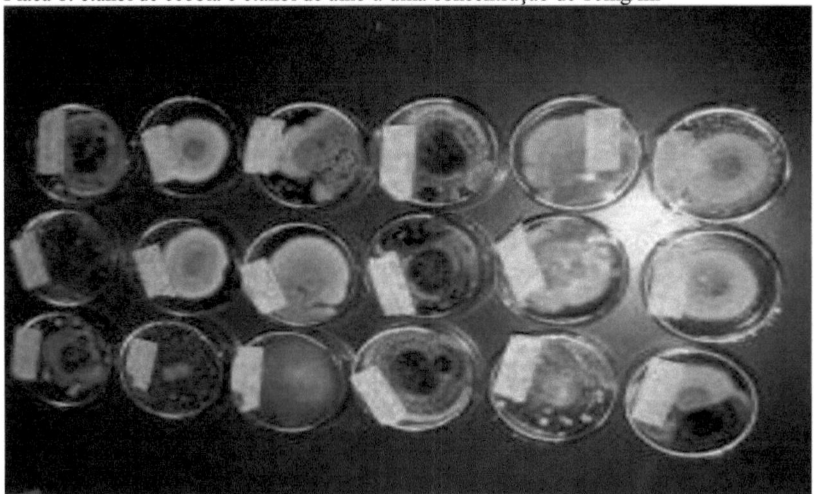

Placa 2: metanol de cebola e metanol de alho a uma concentração de 10mg/ml
Placa 3: etanol de cebola e etanol de alho a uma concentração de 20mg/ml

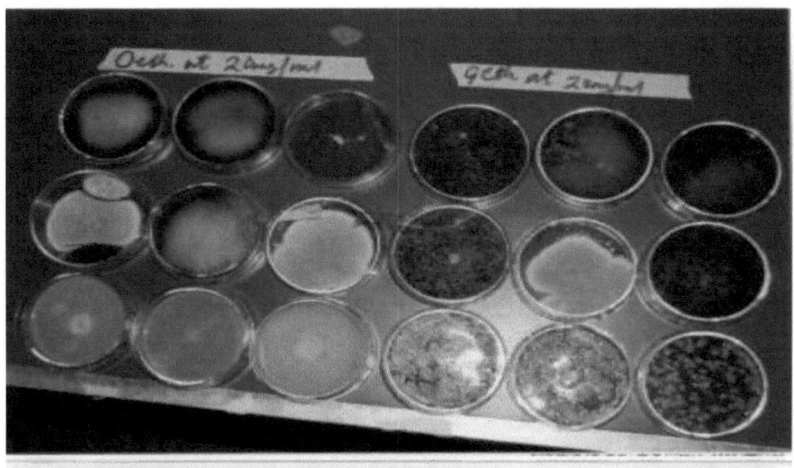

Placa 4: metanol de cebola e metanol de alho a uma concentração de 20mg/ml

Placa 5: etanol de alho e metanol de cebola a uma concentração de 30mg/ml

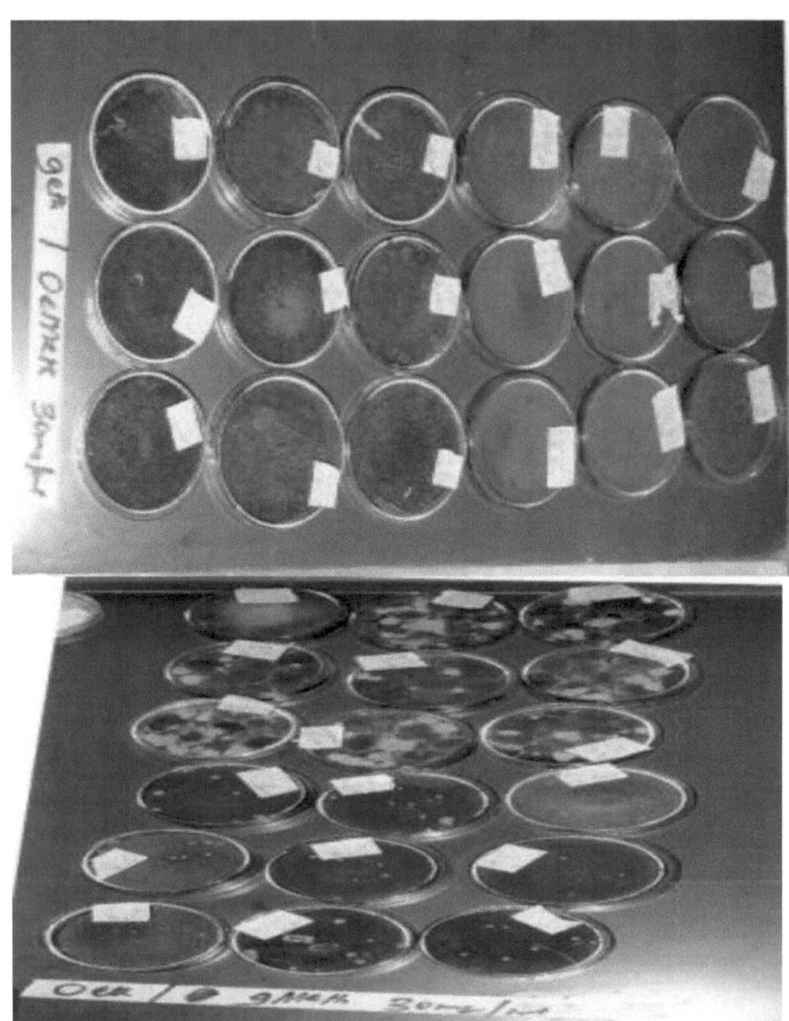

Quadro 6: Metanol de alho e metanol de cebola a uma concentração de 30mg/ml

Quadro 7: Concentração de 30mg/ml de etanol de alho e metanol de cebola 24 horas antes da inoculação dos organismos

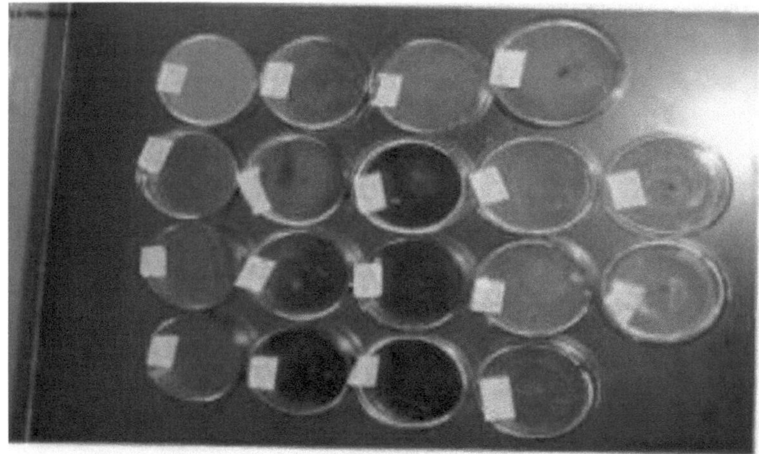

Quadro 8: Concentração de 30mg/ml de metanol de alho e etanol de cebola 24 horas antes da inoculação dos organismos

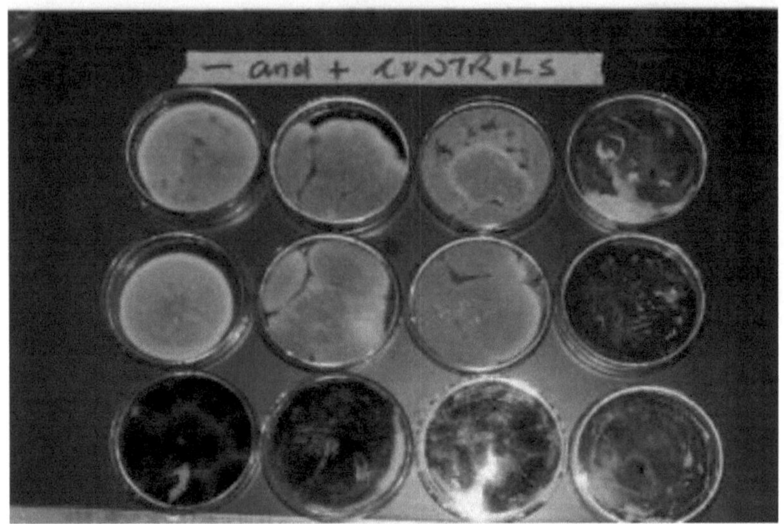

Placa 9: controlos positivos e negativos com uma concentração de 20mg/m
Placa 10: controlos positivos e negativos com uma concentração de 30 mg/m

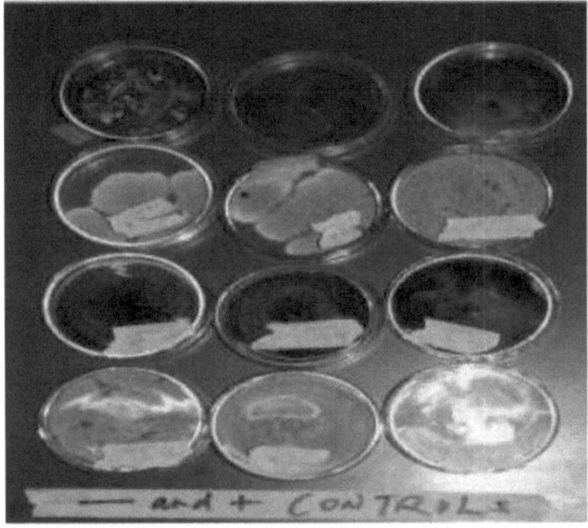

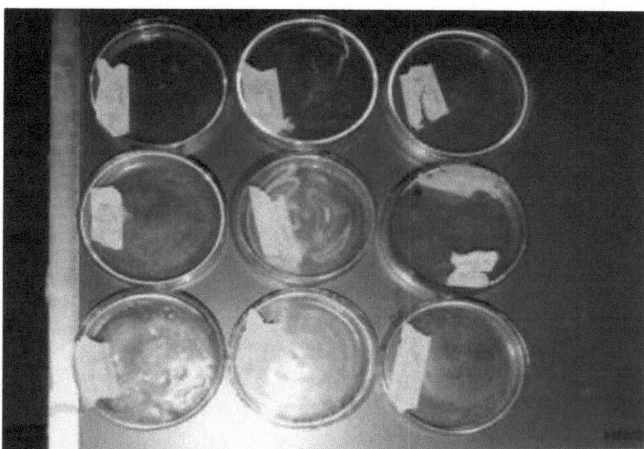

Placa 11: controlo a uma concentração de 30 mg/ml 24 horas antes da inoculação dos organismos

---

Os valores são médias + erros padrão de seis réplicas

[abc] As médias numa coluna com apóstrofos diferentes são significativamente diferentes (P<0,05)
*** Diferença significativa entre as médias dos extractos (P<0,05)

ns - Não existe diferença significativa entre as médias dos extractos.

yes

I want morebooks!

Buy your books fast and straightforward online - at one of world's fastest growing online book stores! Environmentally sound due to Print-on-Demand technologies.

Buy your books online at
www.morebooks.shop

Compre os seus livros mais rápido e diretamente na internet, em uma das livrarias on-line com o maior crescimento no mundo! Produção que protege o meio ambiente através das tecnologias de impressão sob demanda.

Compre os seus livros on-line em
www.morebooks.shop

Printed by Books on Demand GmbH, Norderstedt / Germany